金牌设计师

详解家居细部设计

客厅 Living Room

李玉亭 编

华中科技大学出版社
http://www.hustp.com
中国·武汉

图书在版编目(CIP)数据

金牌设计师详解家居细部设计. 客厅 / 李玉亭编. —武汉：华中科技大学出版社，2012.8
ISBN 978-7-5609-8113-0

Ⅰ．①金… Ⅱ．①李… Ⅲ．①客厅－室内装修－细部设计－图集 Ⅳ．①TU767-64

中国版本图书馆CIP数据核字(2012)第132066号

金牌设计师详解家居细部设计·客厅

李玉亭　编

出版发行：华中科技大学出版社（中国·武汉）
地　　址：武汉市武昌珞喻路1037号（邮编：430074）
出 版 人：阮海洪

责任编辑：茅昌兰　　　　　　　　　　　　　　　　　　责任监印：秦　英
责任校对：曾　晟　　　　　　　　　　　　　　　　　　装帧设计：张　靖

印　　刷：北京佳信达欣艺术印刷有限公司
开　　本：889 mm × 1194 mm　1/16
印　　张：5
字　　数：40千字
版　　次：2012年8月第1版 第1次印刷
定　　价：24.80 元

投稿热线：(010)64155588-8000 hzjztg@163.com

前　言

家是人们居住的场所，也是工作一天后身心得以放松的空间，是精神与情感的归属地。营造一个舒适而温馨的家也就成为了人们的头等大事。

随着人们对居住环境要求的提高，越来越多的人选择具有专业技能的家装设计师来为自己设计家居空间。一个成熟的设计师需要具有艺术家的素养、工程师的严谨思想、旅行家的丰富阅历和人生经验、财务专家的成本意识。设计师既要运用自己的丰富阅历和人生经验，来帮助业主解决很多生活中的具体问题，又要以一个艺术家的眼光去审视生活，为业主营造舒适、高品位的居室空间。

本系列丛书的作者是具有多年设计以及施工经验的设计师，对家装设计的流程以及要点、重点都掌握的很透彻。在本书中，作者精选了数千张最新、最时尚的家居样板图，这些样板间的设计师都是活跃在国内的一线设计师，其作品的表现非常富有感染力，为读者呈现出了风格多样的家居样板。不同年龄段、不同性格特征的读者从中都会找到自己喜欢的类型。

本系列丛书分为《客厅》《卧室》《卫浴间》《餐厅》四册，对家居的四个主要空间进行详尽的解析以及呈现，希望读者在阅读本书的过程中能够找到自己喜欢的案例风格，且将它应用于自己的居室设计中，希望本系列丛书成为读者的良师益友。

Contents 目 录

········○木线条密排刷漆

········○实木地板

········○仿古砖   ········○陶瓷锦砖   ········○壁纸

····◦地毯 ····◦灰镜

····◦暗藏灯带 ····◦壁纸

····◦玻璃锦砖 ····◦壁纸 ····◦壁纸 ····◦瓷砖

········瓷砖 ········壁纸 ········砂岩浮雕

········壁纸

········石膏板造型 ········石膏板造型

实木地板　　　　　　　　　　　　　　　　玻璃锦砖

石膏板吊顶　　　　　　　　　　仿古砖　　　　　壁纸

人造石

地毯　　瓷砖

壁纸　　人造石

大理石　　仿古砖

客厅的装修原则（一）

风格要明确： 客厅是整个家居空间的核心，空间所占的面积最大，是开放性的空间，在装修中是最重要的一个区域。它的设计基调对整个空间起到主导作用，是家居风格的主脉。因此，客厅风格的明确和统一十分重要。现代、欧式、古典、田园等风格是现代家居空间设计的主流风格，人们可以根据自身的兴趣爱好来选择适合自己的家居风格。

个性要鲜明： 客厅的装修中，每一个细微之处的设计都可以反映出主人不同的人生观、个人修养和品位。因此，客厅的设计就要用心来传达主人的个性。可以通过装修材料以及家具饰品来表现，而且一些不经意的软装饰更具有画龙点睛的作用，比如工艺品、字画、坐垫、布艺等，更能展示出主人的修养及品位。

软包　　　　　灰镜

实木地板　　　　　水泥横梁

乳胶漆　　　　　仿古砖

壁纸　　　　　石膏板吊顶

壁纸　　　　　仿古砖

········○地毯 ········○木纹壁纸 ········○钢化玻璃

········○石膏板吊顶 ········○镜面玻璃

········○乳胶漆 ········○木纹壁纸 ········○钢化玻璃

大理石　　　　地毯　　　　　　　　　　　　　　壁纸

软包　　　　竹木饰面

塑胶地毡　　　　壁纸

乳胶漆　　　　暗藏灯带

○┄┄大理石　　　○┄┄地毯　　　　　　　○┄┄壁纸

○┄┄仿古砖　　　　　　○┄┄玻璃锦砖

◦┈┈灰镜
◦┈┈壁纸

◦┈┈啡网纹大理石   ◦┈┈地毯

◦┈┈地毯   ◦┈┈艺术镜

客厅的装修原则（二）

分区要合理： 客厅既是全家交流、娱乐的场所，又是接待客人的社交空间。有的客厅还兼有就餐、学习的功能。客厅使用的频率非常高，各种功能使用起来是否方便，直接影响到主人的生活。因此，实用的客厅必须要规划出合理的功能分区，可采用硬性区分以及软性划分两种方法。软性划分可以利用不同的装修材料、装饰手法、特色家具以及灯光造型来划分。如通过吊顶或局部铺地毯等方法把不同的区域划分开来。硬性划分是指将空间分成几个区域来实现不同的功能。比如通过隔断、家具的设置，从大空间中独立出一些小空间。

重点要突出： 空间呈现有顶面、地面以及墙面，因为视角的关系，目之所及便是墙面，因此墙面便成为重点。但是四面墙也不能平均设计，应该确定一面主题墙，主题墙是指客厅中最引人注目的一面墙，可以是电视背景墙，也可以是沙发背景墙。可以运用各种装修材料来做造型，以突出客厅的整体装饰风格。

········○ 壁纸 ········○ 石材拼贴 ········○ 仿古砖 ········○ 陶瓷锦砖

········○ 乳胶漆 ········○ 人造石 ········○ 地毯 ········○ 壁纸

········○ 仿古砖 ········○ 壁纸

⌐•••壁纸

⌐•••地毯 ⌐•••水泥地面

⌐•••地毯 ⌐•••壁纸

⌐•••壁纸 ○•••仿古砖 ⌐•••石膏板吊顶

╰┈┈○仿木纹地砖　　　　　　　╰┈┈○金箔壁纸　　╰┈○壁纸

╰┈┈○水曲柳饰面板　　　　　╰┈┈○竹木地板

╰┈┈○软包　　　　╰┈┈○仿古砖　　　　　╰┈┈○瓷砖　　　　╰┈┈○地毯

·····◦仿古实木地板　·····◦地毯　　　　·····◦仿古砖　　　　·····◦仿古砖　　　　·····◦木饰面板

·····◦地毯　　　　　　　　　　　　　　·····◦乳胶漆

客厅装修要点

较小面积居室的客厅不仅要承载着会客的功能，还是用餐以及学习的场所。这些功能区中，会客区应该设计在空间的最外边，而用餐区最好接近厨房的位置，学习区可以安置在客厅中的一个角落。

在满足多功能需求的同时，应该注意风格的协调统一。各个功能区域的局部美化装饰应该要服从整体的视觉美感。客厅的色彩设计应该有一个统一的色彩基调，以体现主人的喜好。

向南的居室有充足的光照，可以采用偏冷一点的、较为淡雅的色调；朝北的居室可以采用偏暖的色调。色调主要是通过地面、墙面、顶面来体现的，装饰品、家具等可以起到调剂、补充的作用。

地毯　　　　　　　　壁纸　　　　　　水泥板　　　强化木地板

灰镜　　　　　　　　木饰面板　　　　　　　地毯

地毯

大理石

艺术肌理漆   壁纸

银镜   软包

人造石   菱形车边镜

木纹石   壁纸   乳胶漆

石膏板吊顶 ⋯⋯⋯⋯⋯⋯⋯ 仿古实木地板 ⋯⋯ 艺术肌理漆

壁纸 ⋯⋯⋯⋯⋯⋯ 石膏板造型吊顶 ⋯⋯ 地毯

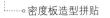

石膏板造型外贴壁布

仿古砖　　　　水晶吊灯　　　壁纸

密度板造型拼贴　　　　地毯

壁纸　　　　瓷砖

地毯　　　　　　　　　　　　　　　仿古砖

石膏板吊顶　　　　　　壁纸

瓷砖　　　　　　　壁纸

壁纸　　　　　　壁纸

客厅设计的基本要求

空间的宽敞化：在客厅的设计中，不管空间是大还是小，在设计中都要营造出宽敞感，这是一件非常重要的事情，宽敞的感觉可以带来轻松的心境和愉悦的心情。

空间的最高化：客厅是家居中最主要的公共活动空间，不管是否做人工吊顶，都必须确保空间高度的最大化，这个高度是指客厅应是家居空间中净高最大者，这种最高化感觉的营造可以通过使用各种视错觉的方法来处理。

景观的最佳化：在客厅的设计中，必须确保在各个角度都能够欣赏到最美的客厅景致。这也包括在沙发处（主要视点）向外观看室外风景的最佳化。客厅的装修应该是整个居室中最漂亮且最具有个性的空间。

照明的最亮化：客厅空间的重要性要求我们在设计的过程中，要保证客厅采光的充足性，如果受到自然条件的限制，应适时地补充人工光源的照明。

风格的普及化：风格的普及化并非指装修的平凡且一般，而是指其设计风格应该为人们所容易接受。

材质的通用化：在客厅装修所用的材料中，必须确保所采用的装修材质的安全性和环保性，尤其是地面材质要适用于绝大部分或者全部家庭成员。例如在客厅铺设太光滑的砖材，就有可能会给老人或小孩的行动带来不便。

交通的最优化：客厅的交通流线应是最为顺畅的，无论是侧边通过式的客厅还是中间横穿式的客厅，都应确保进入客厅或通过客厅的顺畅。

◦·······壁纸

◦铝制百叶窗　　　◦布艺帘幔　　　◦地毯

╌╌◦壁纸 　　　╌╌◦仿古砖 　　　╌◦壁纸

╌╌◦壁纸 　　　　　　　╌╌◦茶镜

·······o 壁纸　　　　　·······o 仿古砖

·······o 壁纸

　○┄┄►乳胶漆　　　○┄┄►墙饰　　　○┄┄►地毯

　○┄┄►实木饰面板

　○┄┄►仿古砖　　　　　　　○┄┄►乳胶漆

　○┄┄►地毯　　　○┄┄►石膏板吊顶

　○┄┄►地毯　　　○┄┄►乳胶漆

·······◦壁纸　　　·······◦灰镜　　　　　　　　　　　　　　　　　·······◦壁纸

·······◦地毯　　　　　　　　　　　　·······◦壁纸　　　·······◦强化木地板

◦乳胶漆　　◦仿古砖

◦地毯

沙发的四种布置形式

"L"形布置： 是沿两面相邻的墙面布置沙发，其平面呈"L"形。此种布置大方、简洁，可在对面设置视听柜或放置一幅整墙大的壁画，这是最为常见的布置形式。

"C"形布置： 沿三面相邻的墙面布置沙发，中间放一茶几，此种布置入座方便，易于交谈，对于热衷社交的家庭来说是再合适不过了。

对称式布置： 这是一种中国传统的布置形式，气氛庄重且层次感强，适用于较为严谨的家庭。

"一"字形布置： 这是最为常见的沙发布置形式，沙发沿一面墙摆开，呈"一"字状，前面摆放茶几，起居室面积较小的家庭可采用这种布置形式。

◦壁纸　　　　◦木地板拼贴

⊷瓷砖 ⊷乳胶漆

⊷乳胶漆

⊷瓷砖 石膏板造型面贴壁布⊶

·····○ 地毯

·····○ 瓷砖

·····○ 硬包

·····○ 大理石

·····○ 壁纸

·····○ 壁纸

·····○ 实木地板

·····○ 乳胶漆

实木地板

实木地板

立柱外镶钢化玻璃

玻化砖

地砖刷漆 ⟞⟝ 文化砖刷漆

瓷砖 ⟞⟝ 乳胶漆

装饰画 ⟞⟝ 雪弗板雕刻

壁纸 ⟞⟝ 实木地板

文化砖刷漆

┆○壁纸   ┆○仿古砖

┆○瓷砖

座椅的三种布置形式

安乐式布置： 可以将安乐椅与长沙发相对摆放，这种摆放形式适用于有老人的家庭。

四方形布置： 这种布置形式适用于喜欢下棋、打牌的家庭，参与者可各据一方，爱玩的家庭可采用这种布置形式。

地台式布置： 利用地台和下沉的地坪，不设具体座椅，只用靠垫来调节座位，给人以轻松自然、随意的感觉。地台也可作临时睡床，是一种颇为别致的布置类型。

无论采用何种形式的布置，都应该根据起居室的面积和结构，座椅与其他家具、装饰物一起组成舒适且优雅悦目的家居环境。

┆○仿古木地板   ┆○壁纸

┆○陶瓷锦砖   ┆○乳胶漆

⊙ 壁纸

⊙ 大理石   ⊙ 灰镜

实木地板　　　地毯　　　壁纸

瓷砖　　　软包

乳胶漆

地毯　　　石膏板造型

◦┄┄装饰帘幔　　　　　　　　　◦┄┄大理石

◦┄┄木饰面板刷漆　　　　　　　　◦┄┄石膏板吊顶

·········○不锈钢条 ·········○壁纸

·········○地毯

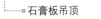·········○石膏板吊顶 ·········○木纹石

·········○地毯 ·········○原色木地板

⚬┈┈ 木纹石　　　　　　　　　　　　　　　　　　　⚬┈┈ 人造大理石

⚬┈┈ 灰镜　　　　　⚬┈┈ 砂岩板

⚬┈┈ 乳胶漆　　　　　　⚬┈┈ 茶镜

背景墙的主要光源

射灯： 射灯是一种点光源，可以投射到墙上，用于特定目标的照明，比如墙上的壁龛以及装饰画等。

斗胆灯： 斗胆灯在光源特性上也属于点光源，但是它所散发出来的光线比射灯更亮、投射的区域也更大，光线非常柔和。但是，由于斗胆灯的热度大，所产生的温度较高，因此，必须运用得当才能营造出好的视觉效果。

软管霓虹灯带、TC灯带： 这两种灯属于线光源，功能上可以充当辅助光源，采用了间接以及反射照明，可以运用到电视墙的上部，比如顶棚的灯槽里面，作为顶棚与电视墙的过渡；也可以用在电视墙的下面，比如放在电视的搁板下；还可以运用于电视墙的中部，如壁龛中。

以上三种照明方式可以相互穿插使用，可以以一种光源照明为主，其他作为必要的点缀，只要运用得当，都能够营造出空间层次丰富的效果。

陶瓷锦砖

仿古砖

壁纸

雪弗板雕刻

实木地板

壁纸

乳胶漆　　　　地毯

壁纸　　　　暗藏灯带

布艺百叶帘

木纹石

澳洲砂岩

文化石

雪弗板雕刻

实木地板

◦文化石

◦乳胶漆

◦玻化砖   ◦白影木饰面板

◦木饰面板刷漆

◦地毯   ◦石膏板吊顶

背景墙的主要材料——石材

电视背景墙是整个客厅的精彩所在，是整个客厅的亮点。电视背景墙根据整体装修风格与户型的不同及业主的喜好与要求，设计手法也是千变万化、丰富多样。但不管如何设计与变化，最终都离不开装饰材料的运用。

石材作为墙面装饰材料已有很长的历史。石材的天然纹理千变万化，其色彩也丰富自然，有如鬼斧神工之作。经过切割、打磨、抛光或火烧、雕刻等工艺的加工后就成了高档的装饰用材。石材不受限于装饰风格，可以在任何装饰风格中使用。尤其用在电视背景墙上，装饰效果极佳，常见于高端住宅的设计中。

○暗藏灯带

○木造型顶棚

○实木地板

○壁纸

木纹石

櫻桃木饰面板 　　　　　石膏板造型 　　　　　壁纸 　　　　　石膏板造型吊顶

实木地板 　　　　　壁纸

⋯⋯◦ 大理石　　　　　　　　　　　　　　　　　　　　　　⋯⋯◦ 木饰面板

⋯⋯◦ 仿古砖　　　　　　⋯⋯◦ 木饰面板　　　　　　　　　　⋯⋯◦ 茶镜拼贴

┈┈◦软包   ┈┈◦地毯

┈┈◦石膏板造型吊顶   ┈┈◦地毯

软包

复合木地板　　灰镜

背景墙的主要材料——乳胶漆

乳胶漆即墙面漆，因其色彩多样、价格合理且装饰效果较好，已成为家庭墙面装修中应用最多的饰材之一。应用在居室内部的乳胶漆除了常规性能，应该更加重视对环保性能的关注，在选购乳胶漆时，应该选择品质有保证的优质产品，切勿贪图便宜而选择劣质产品。另外，应用在电视背景墙上面的乳胶漆最好以柔和的色彩为主，因为电视是人们的视觉焦点，色彩过于艳丽的乳胶漆容易给人们造成视觉上的疲劳感。

背景墙的主要材料——瓷砖

近年来随着瓷砖制作工艺水平和烧制工艺的提高，给建筑装饰业带来了更多的选择余地。瓷砖在价格上比石材有相对优势，它价格适中、没有色差且品种多样。目前瓷砖在居家装饰中运用广泛，装饰性强，手法多样，还可再加工处理，适用于各种装饰风格中。以简约、地中海、后现代及较个性的装饰风格居多。图案花色丰富的瓷砖用在背景墙上，不仅能够使整个家居空间的格调简洁、明朗，同时也易于清洁，方便日常的生活。气质高雅的仿古瓷砖用于背景墙上，还能够体现出居室古朴典雅、意境悠远的氛围。

◦壁纸　　　　◦地毯

◦壁纸

◦仿古砖　　　　◦乳胶漆

乳胶漆

地毯

地毯　　　　　乳胶漆

银镜

壁纸　　　　　地毯

乳胶漆

◦┈┈┈◦ 石膏板造型吊顶　　　　　　　　　　　　　◦┈┈┈◦ 人造大理石

◦┈┈┈◦ 乳胶漆　　　　　　　　　　　　　　　　　◦┈┈┈◦ 地毯

玻化砖　　　　　　　地毯

仿古砖

乳胶漆　　　　　　　　　　　皮革饰面

石膏板造型吊顶　　　　白色混油饰面　　　　　镜钢　　　　　　　　壁纸

乳胶漆　　　　　　　　　　　　　　　　　　　地毯

背景墙的主要材料——玻璃

随着现代玻璃加工技术与工艺的提高，近年来出现了很多效果非常好的装饰玻璃，如烤漆玻璃、焗油玻璃、彩绘玻璃、金属感玻璃、雕刻玻璃等。其中烤漆玻璃、焗油玻璃、雕刻玻璃、金属感玻璃作为电视背景墙使用得较多。而烤漆玻璃在背景墙设计中使用最多。烤漆玻璃，是一种极富表现力的装饰玻璃，可以通过喷涂、滚涂、丝网印刷或者淋涂等方式来体现。它具有耐污性强、易清洗、耐水性、耐酸碱性等优点，适用于对产品外观和品质要求比较高、追求时尚的年轻人。

○⋯⋯壁纸

背景墙的主要材料——软包

软包在当下室内装饰中是比较常用的装饰手法。随着纺织行业的发展，纺织面料和其他新面料花色品种的增加，各种纺织品成为软包设计的主要的装饰材料，在一些高端设计及样板房中应用得很多。一般，软包设计中所使用的材料质地柔软、色彩柔和，而且能够柔化整体空间氛围，其纵深的立体感亦能提升家居档次。除了美化空间的作用外，更重要是的它具有吸声、防潮、防水、防污、防撞等功能。用软包装饰背景墙，其凹凸有致的肌理能够提升墙面的质感，不同的色彩以及块面造型能够给人以赏心悦目的视觉感受。

○⋯⋯地毯　　　乳胶漆○⋯⋯

○⋯⋯乳胶漆　　　○⋯⋯竹木吊顶　　　○⋯⋯木质隔断

·······o壁纸　　　　　·······o地毯

·······o银镜　　·······o软包

·······o仿古砖　　·······o壁纸　　　　　·······o木饰面板　　·······o地毯

木饰面板

木纹石　　　　　　　　　　　绒面软包　　　　　暗藏灯带　　　　　　　　喷涂乳胶漆

软包　　　　　　石膏板吊顶　　　　　　瓷砖

╴╴╴╴○ 樱桃木饰面板 ╴╴╴╴○ 石膏板造型吊顶

╴╴╴○ 地毯 ╴╴╴○ 石膏板吊顶

复合木地板　　　　　　壁纸

地毯　　　　石膏板造型吊顶　　　　樱桃木饰面板

背景墙的主要材料——壁纸和壁布

壁纸和壁布的可选择性很多，装饰效果能够立刻得到呈现。现在的壁纸与壁布不仅种类繁多，且施工方便、经久耐用，在清洁上也非常方便，更难能可贵的是，壁纸在装修材料中属于环保的材料品种，不仅在使用中对人体无害，而且其生产的过程对环境也不产生污染。壁纸黏合剂是用粮食淀粉制造而成的，也属于环保产品。用壁纸来做背景墙，不仅施工简单，而且能起到很好的装饰效果，最重要的一点是，壁纸装饰的背景墙可以随时根据季节转变而更换。

⚬ 壁纸　⚬ 文化砖　⚬ 石膏板造型吊顶　⚬ 乳胶漆

⚬ 乳胶漆　⚬ 仿古木地板

乳胶漆　　　　　　　　　　仿古砖

玻化砖　　　　　　　　　　壁纸

干挂大理石　　　　　　　　地毯

地毯　　　　乳胶漆

壁纸　　　　　　　暗藏灯带

壁纸

壁纸　　　　　　　地毯

水曲柳木饰面板　　　　　　乳胶漆

◦┈┈┈┈◦乳胶漆　　　　　　　　　　　　　　　　　　　　　　　　　◦┈┈┈◦瓷砖

◦┈┈┈◦人造石　　　　　　◦┈┈┈◦硬包

⟜⋯⋯◦强化木地板

⟜⋯⋯◦装饰画　　　　　　　　　　　　⟜⋯⋯◦强化木地板

⟜⋯⋯◦石膏板造型吊顶　　　　　　　　　　　⟜⋯⋯◦枫木饰面板

石膏板造型吊顶　　　　仿古砖　　　　茶镜　　　　绒面软包

壁纸　　　　文化石

艺术玻璃　　　　地毯　　　　干挂大理石

⚬⋯⋯⋯⋯ 壁纸

⚬⋯⋯⋯⋯ 石膏板吊顶

⚬⋯⋯⋯⋯ 竹木地板

⚬⋯⋯⋯⋯ 混油饰面

⚬⋯⋯⋯⋯ 实木吊顶

背景墙的主要材料——木饰面板

木质材料在装修中运用得比较广泛，比如地面、门窗以及橱柜，都经常用到木饰面板。在越来越崇尚自然的今天，木材以其独有的纹理以及自然质朴的特点得到人们的喜爱。将它运用来装饰背景墙面，使得工业化气息的房间顿时变得温情起来。另外，由于木材独有的低调性格，也易与室内的其他材料搭配和谐，可以更好地形成统一的风格，清洁起来也非常方便。

木饰面板　　　　　　实木地板

乳胶漆

软包

地毯　　　　　　木线条密排

软包　　　干挂大理石

实木地板　　　雪弗板雕刻

木质浮雕　　　壁纸

石膏板造型吊顶　　　壁纸

壁纸　　　仿古实木地板

实木地板　　　　玻璃陶瓷锦砖

乳胶漆　　　　地毯　　　　壁纸　　　　仿古砖

乳胶漆　　　　白影木面板　　　　壁纸

实木吊顶

仿古砖

瓷砖

墙绘

仿古砖

壁纸

仿古砖

背景墙色调应与居室整体色调相协调

色彩是人们对整个居室环境的第一印象，背景墙作为客厅的一部分，其风格设计一定要与整体的居室色彩相协调。如果搭配不和谐，不但会影响美观，还会影响人们的心情。如果背景墙的采光不是很充分，可以选择明亮一点的装饰材料来调和，比如亮的板材烤漆或玻璃做背景墙的材料，不仅能增强采光，看上去还极具现代感。如果光线充足，可选择色彩比较中性一点的装饰材料来装饰。

◦┈┈▷ 文化砖　　　　　　　◦┈┈▷ 雪弗板雕刻　　　　　◦┈┈▷ 石膏板吊顶

◦┈┈▷ 石膏板造型吊顶　　　◦┈┈▷ 壁纸

壁纸

水泥地面　　　木饰面板　　　灰镜

壁纸　　　干挂大理石

壁纸

瓷砖

石膏板造型

艺术肌理漆

瓷砖

地毯

乳胶漆

墙绘

瓷砖

○┈┈┈乳胶漆　　　　　　　　　　　　　　　○┈┈┈仿古实木地板

○┈┈┈壁纸

○┈┈┈混油饰面　　　　　○┈┈┈壁纸

○┈┈┈壁纸　　　　　　○┈┈┈银镜

○┈┈┈钢琴烤漆

　　　　　└┈┈◦立体壁纸　　　　　　└┈┈◦仿古砖　　　　　　　　　└┈┈◦壁纸

└┈┈┈◦银镜

墙面搁板的造型以及功能

搁板最原始及最常见的功能就是展示和收纳。作为展示搁板时，其造型可以有很多种，如规则的菱形搁板、不规则的"几"字形搁板或几排平行的搁板等，可以根据业主的喜好来选择造型。根据形状以及排列的不同，搁板又可以变身为书架、CD架、装饰架等，既有装饰功能，又兼具收纳功能。在电视背景墙上面放置搁板，既可以存放书籍，还能够放置一些CD或装饰摆件，可谓是一举两得。

瓷砖

石膏板吊顶　　　玻化砖　　　　壁纸　　　仿古砖　　陶瓷锦砖

壁纸　　　　　　　　　　　　　　　壁纸

冰裂纹玻璃　　　　　烤漆玻璃　　壁纸

地毯　　　　　　　乳胶漆

仿古砖　　　　　　　石膏板造型

石膏板造型内藏灯带

壁纸　白影木饰面板

仿木纹石　壁纸

壁纸　砂岩板

壁纸

菱形车边镜　壁纸

银镜　乳胶漆

●┄┄▶壁纸　　　　　　　　●┄┄▶实木地板　　　　●┄┄▶大理石　　　　　　　　●┄┄▶金箔壁纸

●┄┄▶仿古砖　　　　　　●┄┄▶乳胶漆

●┄┄▶壁纸　　　　　　　　　　　　●┄┄▶壁纸　　　　　　　●┄┄▶格栅吊顶

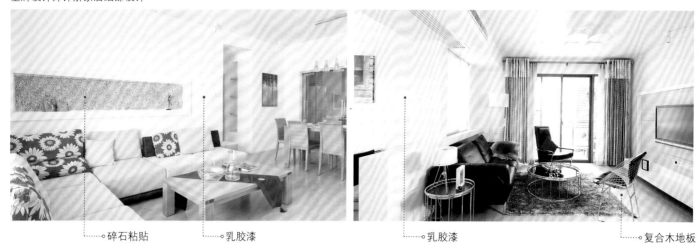

◦碎石粘贴　　　◦乳胶漆　　　　　　　　◦乳胶漆　　　　　　　◦复合木地板

◦乳胶漆　　　　　　　　　　　　　　　◦壁纸

墙面搁板材料的选择

在客厅墙面的设计中，搁板越来越受到人们的喜爱，各式各样的搁板不仅可以起到收纳的作用，还可以当做书架、CD架、插花架等。搁板的造型不仅丰富，而且非常富有情趣，其展示的功能能够体现出居室主人的情趣与爱好，如果使用得当，可以瞬间为背景墙增色不少。

不同的搁板材料体现着不同的风格，以原木为基础的搁板最多，另外，玻璃、金属、铁艺、石材等也能作为搁板的主要材料。如何选择材料主要应该看家居的整体设计风格，比如在田园风格的居室中可使用木板配铁艺造型的支架以及木质搁板，现代风格中可使用亮面烤漆，支架最好暗藏其中，显得既有秩序又有现代感。

墙面搁板设计的要点

设计师提醒：在设计搁板时，首先，一定要使搁板与居室的整体风格相协调；其次，还要考量搁板对整面墙体的划分，应该使搁板所占的面积与整面墙体面积相协调；最重要的一点是所设计的搁板要能达到预期的使用需求，比如装饰功能、载物功能等；最后一点是需要考虑墙面搁板的承重能力，如果搁板的自重过大或者后期放置的物品过多，应该在施工中做预埋件以提高承重能力，并且最好将搁板安装在承重墙上。